CON GRIN SUS CONOCIMIENTOS VALEN MAS

- Publicamos su trabajo académico, tesis y tesina

- Su propio eBook y libro - en todos los comercios importantes del mundo

- Cada venta le sale rentable

Ahora suba en www.GRIN.com y publique gratis

Bibliographic information published by the German National Library:

The German National Library lists this publication in the National Bibliography; detailed bibliographic data are available on the Internet at http://dnb.dnb.de .

This book is copyright material and must not be copied, reproduced, transferred, distributed, leased, licensed or publicly performed or used in any way except as specifically permitted in writing by the publishers, as allowed under the terms and conditions under which it was purchased or as strictly permitted by applicable copyright law. Any unauthorized distribution or use of this text may be a direct infringement of the author s and publisher s rights and those responsible may be liable in law accordingly.

Imprint:

Copyright © 2018 GRIN Verlag
Print and binding: Books on Demand GmbH, Norderstedt Germany
ISBN: 9783668714168

This book at GRIN:

https://www.grin.com/document/420443

Diego Silva, Miguel Mora Villalobos, Noel Macías Durón

Reducción del producto no conforme generado en línea de galvanizado

GRIN Verlag

GRIN - Your knowledge has value

Since its foundation in 1998, GRIN has specialized in publishing academic texts by students, college teachers and other academics as e-book and printed book. The website www.grin.com is an ideal platform for presenting term papers, final papers, scientific essays, dissertations and specialist books.

Visit us on the internet:

http://www.grin.com/

http://www.facebook.com/grincom

http://www.twitter.com/grin_com

REDUCIR EL PRODUCTO NO CONFORME GENERADO EN LINEA DE GALVANIZADO

[1] Diego Armando Silva Ojeda, [2] Miguel Mora Villalobos y [3] Noel Macías Durón
[1 y 2] Universidad Politécnica de Aguascalientes y [3] Grupo A3 Coating Process S.A de C.V

Resumen— El objetivo principal de este proyecto es implementar un programa sólido y eficiente para lograr reducir al 10% los productos no conformes generados en una planta de recubrimientos; específicamente, en una línea de galvanizado y que posteriormente ocasionan re trabajos excesivos. Esto, por supuesto es de gran importancia ya que tiene muchas repercusiones en la calidad de los productos que se envían al cliente. Es por ello que en la planta "Grupo A3", se intenta siempre buscar la máxima satisfacción del cliente, para ello es necesario lograr una mejora en los procesos, reducción de costos, estabilidad en la línea, etc. Pero todo esto será posible gracias al comportamiento de las personas involucradas en todos los niveles del proceso y a las acciones que se implementen y se mantengan en la planta.

Palabras Clave: herramientas de calidad, recubrimientos, inspecciones de calidad, galvanizado.

I. INTRODUCCIÓN

Desde hace ya varios años, los elementos y piezas metálicas han sido utilizados en muchas ramas de la industria. Pero con la implementación de estas técnicas metalmecánicas surgieron también algunas problemáticas que dificultaban la preservación de las condiciones iniciales del elemento metálico; y con el paso del tiempo, también surgieron necesidades estéticas que dieron pie al surgimiento de los recubrimientos o revestimientos.

Para fines de estudio, en la empresa *Grupo A3 Coating Process S.A de C.V;* dedicada a ofrecer diferentes tipos de recubrimientos en la ciudad de Aguascalientes, se buscó aplicar diferentes técnicas y herramientas enfocadas al área de calidad que ayudaron a reducir el porcentaje de producto no conforme generado en una de las líneas donde se aplica el galvanizado a un par de componentes metálicos. En el desarrollo del presente se muestra como fueron aplicadas las herramientas, la metodología y los resultados obtenidos.

II. MARCO TEÓRICO

El fin más frecuente e importante de los recubrimientos metálicos es el de proteger a otros metales de la corrosión. Otros usos son: lograr un conjunto de propiedades diferentes que no están reunidas en un metal solo o fines decorativos.
La mayoría de los metales, expuestos a la acción del ambiente, sufren transformaciones fisicoquímicas que los degradan, reducen su utilidad y llegan a destruirlos. Los fenómenos que originan estos cambios se agrupan en el concepto de corrosión, o, con mayor amplitud, en el de deterioro de materiales. Para comprender mejor la importancia y la actuación de los recubrimientos metálicos conviene clasificar los metales disponiéndolos en orden decreciente de su tendencia a disolverse, es decir, de su potencial negativo, obteniéndose así la llamada serie de fuerzas electromotrices. Al potencial del hidrógeno se le asigna, arbitrariamente, el valor cero, y los demás potenciales se obtienen partiendo de este electrodo tipo. Cualquier metal de esta serie que tenga un potencial negativo mayor (ánodo) está expuesto a corroerse, si se le une a otro con potencial negativo menor (cátodo). Esta serie puede sufrir alteraciones en su ordenación al variar los electrólitos o condiciones ambientes, o por formarse sobre los metales o aleaciones tenaces películas de óxidos u otros compuestos que interrumpen la corrosión.

El AMEF es una metodología analítica usada para asegurar que problemas potenciales se han considerado y abordado a través del proceso de desarrollo del producto y proceso (APQP –Planeación Avanzada de la Calidad de un Producto). El resultado más visible es la documentación de conocimientos en forma colectiva de grupos multifuncionales.

Parte de la evaluación y análisis es una evaluación de riesgos misma. El punto importante es que se conduzca una discusión en relación al diseño (del producto o proceso), la revisión de las funciones y cambios en la aplicación, y los riesgos resultantes de las fallas potenciales.

El AMEF es una actividad importante dentro de cualquier compañía. Debido a que el desarrollo de un AMEF es una actividad multidisciplinaria que afecta el proceso completo de elaboración de un producto, su implementación necesita ser bien planeada para que sea plenamente efectiva. Este proceso puede tomar tiempo considerable y el compromiso de recursos requeridos es vital. Es importante para el desarrollo del AMEF un dueño del proceso y el compromiso de la alta administración.

La ilustración fue eliminada del comité editorial por razones de protección de datos

Ilustración 1. Ejemplo de AMEF

III. METODOLOGÍA

En el diagrama se alcanza a percibir la metodología usada en el proyecto, a grandes rasgos esto fue lo que se realizó para buscar llegar a los objetivos planteados.

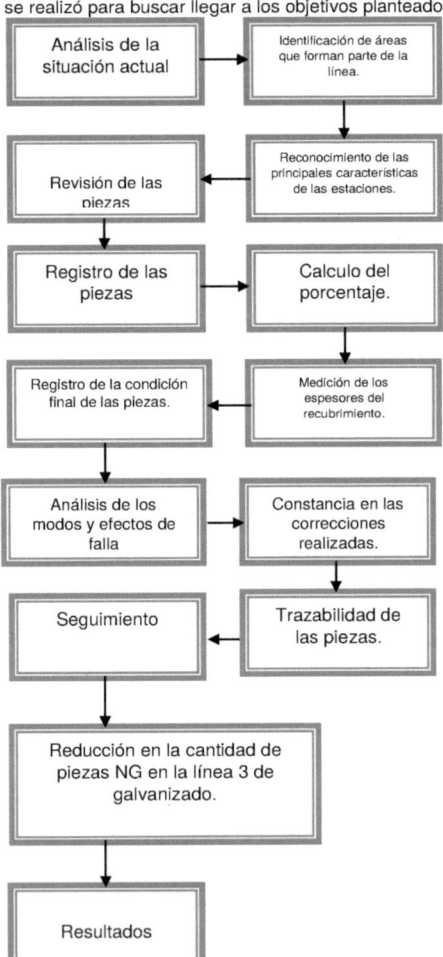

Ilustración 2. Metodología del proyecto

IV. ANÁLISIS DE DATOS

En la tabla #1 que se muestra a continuación se pueden observar los porcentajes obtenidos en las 4 semanas que se asignaron para la evaluación de la línea. Se muestra el promedio diario de cantidad de producto NG ya que los cálculos se realizan por hora.

	L	M	M	J	V
Semana 1	43%	35%	18%	24%	19%
Semana 2	45%	22%	44%	32%	23%
Semana 3	33%	39%	41%	16%	20%
Semana 4	50%	44%	19%	38%	27%

Tabla 1. Porcentajes de NG

En la tabla se observan las altas cantidades de material NG producido en la línea día tras día, el cual es destinado a re trabajo en su mayoría, o en todo caso pasa a ser scrap. En la siguiente gráfica se muestra la relación entre las cantidades por día.

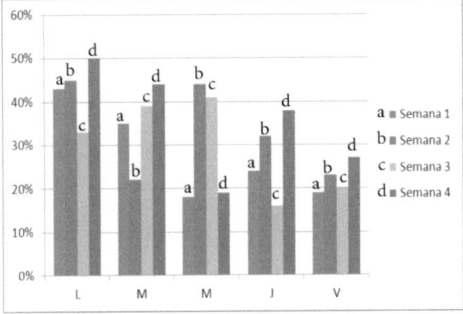

Gráfica 1. NG en las primeras 4 semanas

V. RESULTADOS

Después de realizar las actividades que se muestran en la figura de la metodología se procedió a evaluar nuevamente los porcentajes obtenidos y se puedo palpar los cambios en la línea. A continuación se muestra una tabla con los resultados en porcentaje que se obtuvieron durante una semana pero a diferente hora.

	L	M	M	J	V
10 AM	18%	22%	16%	24%	19%
11 AM	16%	9%	14%	13%	11%
12 PM	12%	11%	21%	16%	8%
13 PM	6%	7%	5%	8%	14%

Tabla 2. Porcentajes de NG

A comparación de la tabla anterior se puede observar que los porcentajes son mas bajos ahora, con casi 3 meses de diferencia las acciones que se implementaron rindieron frutos aunque aun no se alcana la cifra planteada al inicio del proyecto pero si se le da continuidad no hay duda que el porcentaje de NG en la planta será muy mínimo.

En la siguiente grafica se puede observar la diferencia significativa entre las muestras de las primeras 4 semanas y de la última semana donde se percibir la reducción real.

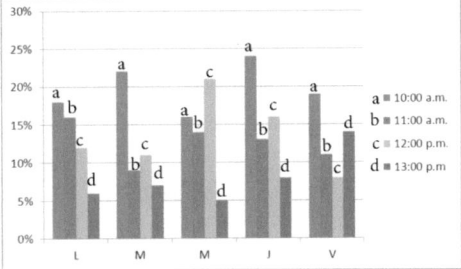

Gráfica 2. Porcentaje de NG por hora

VI. CONCLUSIÓN

La situación de la empresa al momento de que el proyecto inicio era controlada hasta cierto punto por los ingenieros de producción y bel jefe de calidad. Pero las cantidades de NG que presentaba la empresa no eran las óptimas ya que esas condiciones no permitían cumplir en algunas ocasiones con los pedidos de los clientes. Fue preciso implementar ciertas acciones que aportaron a la reducción del producto no conforme en la línea 3 de galvanizado. A la fecha en que es redactado ese documento se puede asegurar la reducción del producto no conforme en la línea y si se procede con las acciones ya planteadas la meta que se planteo al inicio es posible. Por el tiempo de observación en la que se desarrolló el proyecto no fue posible alcanzar los objetivos pero no están muy lejos de ser alcanzados.

VII. GLOSARIO

AMEF: es una metodología analítica usada para asegurar que problemas potenciales se han considerado y abordado a través del proceso de desarrollo del producto y proceso.

APQP: APQP o Advanced Product Quality Planning, es un marco de procedimientos y técnicas utilizadas para el desarrollo de productos en la industria, en particular la industria automotriz.

AQL: El Nivel de Calidad Aceptable, comúnmente llamado AQL, es un método muy utilizado para medir una muestra de un pedido de producción para

determinar si el pedido en su totalidad cumple los estándares de calidad y especificaciones del cliente.
Coating: Recubrimiento.
Galvanizado: es un proceso a través del cual el zinc es adherido metalúrgicamente al acero, proporcionando a este el revestimiento anti-corrosión más avanzado y eficiente en términos de costo.
Galvanoplastia: Técnica que consiste en cubrir un objeto o una superficie con capas metálicas consistentes por medio de la electrólisis y que se aplica especialmente a la preparación de moldes y a la reproducción de objetos en relieve.

VIII. REFERENCIAS

SPC GROUP. (4 de FEBRERO de 2011). Recuperado el 6 de FEBRERO de 2018, de SPC GROUP: https://spcgroup.com.mx/apqp/
UTP. (2017). Recuperado el 1 de abril de 2018, de UTP: www.blog.utp.edu.com
AIAG. (2002). *Análisis de sistemas de medición.* Denver: AIAG.
AIAG. (2008). *Análisis de modos y efectos de fallas potenciales.* Denver: AIAG.
AIAG. (2008). *Planeaciones avanzadas de calidad de los productos y planes de control.* Denver: AIAG.

CON GRIN SUS CONOCIMIENTOS VALEN MAS

- Publicamos su trabajo académico, tesis y tesina

- Su propio eBook y libro - en todos los comercios importantes del mundo

- Cada venta le sale rentable

Ahora suba en www.GRIN.com
y publique gratis